Julio César Canul Ek
Antonio Alberto Vela Ávila

MÉTODOS NUMÉRICOS

Julio César Canul Ek
Antonio Alberto Vela Ávila

MÉTODOS NUMÉRICOS

Antologia

ScienciaScripts

Imprint
Any brand names and product names mentioned in this book are subject to trademark, brand or patent protection and are trademarks or registered trademarks of their respective holders. The use of brand names, product names, common names, trade names, product descriptions etc. even without a particular marking in this work is in no way to be construed to mean that such names may be regarded as unrestricted in respect of trademark and brand protection legislation and could thus be used by anyone.

Cover image: www.ingimage.com

This book is a translation from the original published under ISBN 978-620-2-24951-5.

Publisher:
Sciencia Scripts
is a trademark of
Dodo Books Indian Ocean Ltd. and OmniScriptum S.R.L publishing group

120 High Road, East Finchley, London, N2 9ED, United Kingdom
Str. Armeneasca 28/1, office 1, Chisinau MD-2012, Republic of Moldova, Europe
Printed at: see last page
ISBN: 978-620-8-33096-5

Contente

INTRODUÇÃO

Esta antologia apresenta uma seleção de conceitos e métodos fundamentais de Métodos Numéricos, essenciais para estudantes do **Tecnológico Nacional de México** . Embora não abranja todos os tópicos, procura ilustrar como cada método oferece vantagens e desvantagens na obtenção de resultados precisos.

Os métodos numéricos são ferramentas cruciais para a resolução de problemas complexos, principalmente quando as funções envolvidas apresentam um nível de complexidade superior às estudadas no ensino médio. Neste contexto, é fundamental recorrer a técnicas que forneçam resultados aproximados, tão precisos quanto possível, para tomar decisões informadas.

Para facilitar a compreensão e aplicação destes métodos serão utilizadas ferramentas tecnológicas como Microsoft Excel e GeoGebra.

Esses softwares permitem:

- Exibir graficamente funções e métodos numéricos
- Execute cálculos e simulações precisas
- Analise e compare resultados
- Desenvolva habilidades práticas de resolução de problemas

Nas seções seguintes, serão apresentados os seguintes métodos numéricos:

- **Método da bissecção** : encontra raízes dividindo intervalos.
- **Regra Falsa** : combina bissecção com interpolação linear.
- **Ponto Fixo** : encontra raízes através de iterações sucessivas.
- **Newton Raphson** – Usa a derivada para encontrar raízes rapidamente.
- **Secante** : usa dois pontos para estimar a raiz.
- **Método de raízes múltiplas** : resolva equações com raízes repetidas.
- **Método gráfico** : exibe a função para encontrar raízes.

Estes métodos permitirão aos alunos compreender a importância dos Métodos Numéricos na resolução de problemas complexos e desenvolver competências para os aplicar nas diversas áreas da ciência e da engenharia.

A integração do Excel e do GeoGebra neste texto proporcionará uma experiência de aprendizagem mais interativa e eficaz, permitindo aos alunos:

- Explore e analise métodos numéricos de forma visual e prática
- Desenvolver competências na utilização de ferramentas tecnológicas para resolução de problemas
- Aplicar os conceitos aprendidos em contextos reais e práticos

Esta antologia apresenta uma seleção dos conceitos e métodos fundamentais que os alunos do **Tecnológico Nacional de México** na disciplina de Métodos Numéricos devem dominar.

Embora não abranja todos os tópicos, procura ilustrar como cada método, seja ele intervalo aberto ou fechado, oferece vantagens e desvantagens que podem levar ao mesmo resultado. É importante destacar que as funções discutidas neste texto possuem um nível de complexidade superior às estudadas no ensino médio, por isso é necessário recorrer a técnicas numéricas que forneçam resultados aproximados, tão precisos quanto possível, para tomar decisões informadas.

Os métodos descritos nas seções a seguir mostrarão várias maneiras de obter valores aproximados das raízes de uma função, incluindo a estimativa do erro percentual. Isto permitirá aos alunos compreender a importância dos Métodos Numéricos na resolução de problemas complexos.

Esperamos que esta antologia seja uma ferramenta valiosa para os estudantes do **Tecnológico Nacional de México** e para qualquer pessoa interessada em Métodos Numéricos.

Capítulo 1

Métodos de intervalo fechado

1.1 MÉTODO DE BISSEÇÃO

É considerado um Método de Intervalo Fechado, com este método são determinados valores de x que satisfazem uma função f(x) = 0, onde, na maioria dos casos f(x) é conhecido, real, de uma variável e contínua; uma ou duas vezes diferenciável na região de interesse, pode ser um polinômio.

Neste tópico é dada uma função real de uma variável real x, seu comportamento é examinado para uma magnitude muito grande de x e assim localizando todas as suas raízes dentro de um de seus intervalos finitos.

Um dos intervalos propostos não faz parte da solução, o outro resolve-se descrever o método, enquanto o último fica como proposta a ser praticada pelo leitor que se interessa pelo tema.

Dada a função f(x) =$2x^2 + 5x + 1$

a) [-1,0] o valor da variável do eixo X.
b) Qual é o valor de **X** no momento em que o gráfico cruza o eixo X.

Procedimento para determinar em qual intervalo o gráfico se cruza.

- ***Para o intervalo [1,2], considerando o intervalo [a, b], onde a = 1 e b = 2***
- Avalie f(a) e f(b):

$$f(a) = f(1) = 2(1)^2 + 5(1) + 1 = 8$$
$$f(b) = f(2) = 2(2)^2 + 5(2) + 1 = 19$$

- Se f(a)*f(b) < 0, então o gráfico passa pelo eixo X no intervalo estudado, caso contrário não intercepta o eixo. Nesse caso:

$$f(a) * f(b) = 152, es\ mayor\ que\ CERO.$$

Portanto, no intervalo [1,2] não cruza o gráfico da função no eixo X e não é objeto de estudo porque não faz parte da função.

- ***Para o intervalo [-3,-2], considerando o intervalo [a, b], onde a = -3 e b = -2***
- Avalie f(a) e f(b):

$$f(a) = f(-3) = 2(-3)^2 + 5(-3) + 1 = 4$$
$$f(b) = f(-2) = 2(-2)^2 + 5(-2) + 1 = -1$$

- Como f(a)*f(b) < 0, então, o gráfico passa pelo intervalo estudado cruzando o eixo X. Neste caso:
-

$$f(a) * f(b) = -4, es\ menor\ que\ CERO.$$

Portanto, no intervalo [-3,-2] se cruza o gráfico da função no eixo X e é objeto de estudo porque faz parte da função.

- ***Para o intervalo [-1,0], considerando o intervalo [a, b], onde a = -1 e b = 0***
- Avalie f(a) e f(b):

$$f(a) = f(-1) = 2(-1)^2 + 5(-1) + 1 = -2$$

$$f(b) = f(0) = 2(0)^2 + 5(0) + 1 = +1$$

- Como f(a)*f(b) < 0, então, o gráfico passa pelo intervalo estudado cruzando o eixo X. Neste caso:

$$f(a) * f(b) = -2, es\ menor\ que\ CERO.$$

Portanto, no intervalo [-1,0] se cruza o gráfico da função no eixo X e é objeto de estudo por fazer parte da função.

Processo de análise de cada intervalo através de iterações buscando calcular o valor de

Primeiro intervalo para estudar [-3, -2].

Determine o valor médio que existe entre [-3, -2] usando a seguinte fórmula:

$x_i = a + (b - a)/2$, (Fórmula nº 1) então:

Iteração 1.

Onde: a = -3 eb = -2

$$x_1 = -3 + \frac{[-2 - (-3)]}{2} = -3 + 0.50 = -2.50$$

Pode-se observar que o primeiro valor de x_1 está entre o intervalo [-3, -2].

Para iniciar nossa comparação avaliamos o valor x_1 na função:

$$f(x_1) = f(-2.5) = 2(-2.5)^2 + 5(-2.5) + 1 = +1$$

Análise de intervalo:

$$\left[\frac{-3}{f(a) = +} \quad \frac{-2.5}{f(x_1) = +} \quad \frac{-2}{f(b) = -}\right]$$

$f(a) * f(x_1) > 0$,no Intervalo [-3, -2,5], não corta o gráfico ao eixo X, portanto, não é objeto de estudo.

$f(x_1) * f(b) < 0$,no Intervalo [-2,5, -2], se corta o gráfico ao eixo X, portanto, se é objeto de estudo.

Iteração 2.

Nele intervalo [-2,5, -2], onde a = -2,5 e b = -2

Considere novamente a expressão:$x_i = a + (b - a)/2$

$$x_2 = -2.5 + \frac{[-2 - (-2.5)]}{2} = -2.5 + 0.25 = -2.25$$

Avaliamos a função novamente, mas agora com o valor x_2

$$f(x_2) = f(-2.25) = 2(-2.25)^2 + 5(-2.25) + 1 = -0.125$$

Análise de intervalo:

$$\begin{bmatrix} \frac{-2.5}{f(a) = +} & \frac{-2.25}{f(x_2) = -} & \frac{-2}{f(b) = -} \end{bmatrix}$$

$f(a) * f(x_2) < 0$,no Intervalo [-2,5, -2,25], se corta o gráfico ao eixo X, portanto, se é objeto de estudo.

$f(x_2) * f(b) > 0$,no Intervalo [-2,25, -2], não corta o gráfico ao eixo X, portanto, não é objeto de estudo.

Erro percentual existente até a Iteração 2.

$$E_p = \left|\frac{V_{act} - V_{ant}}{Vact}\right| * 100 \quad Fórmula\ No.2$$

Onde : V_{act} é o valor atual
V_{ant} é o valor anterior
Ep é erro percentual (%)

$$E_p = \left|\frac{-2.25 - (-2.5)}{-2.25}\right| * 100 = 11.11\%$$

Iteração 3.

Nele intervalo [-2,5, -2,25], onde a = -2,5 e b = -2,25

Considere novamente a expressão:$x_i = a + (b - a)/2$

$$x_3 = -2.5 + \frac{[-2.25 - (-2.5)]}{2} = -2.5 + 0.125 = -2.375$$

$$f(x_3) = f(-2.375) = 2(-2.375)^2 + 5(-2.375) + 1 = +0.40625$$

Análise de intervalo:

$$\left[\frac{-2.5}{f(a) = +} \quad \frac{-2.375}{f(x_3) = +} \quad \frac{-2.25}{f(b) = -}\right]$$

$f(a) * f(x_3) > 0$,no Intervalo [-2,5, -2,375], não corta o gráfico ao eixo X, portanto, não é objeto de estudo.

$f(x_3) * f(b) < 0$,no Intervalo [-2,375, -2,25], se corta o gráfico ao eixo X, portanto, se é objeto de estudo.

Erro percentual existente até a Iteração 3.

$$E_p = \left|\frac{V_{act} - V_{ant}}{Vact}\right| * 100$$

$$E_p = \left|\frac{-2.375 - (-2.25)}{-2.375}\right| * 100 = 5.26\%$$

Iteração 4.

Nele intervalo [-2,375, -2,25], onde a = -2,375 e b = -2,25
Considere novamente a expressão:$x_i = a + (b - a)/2$

$$x_4 = -2.375 + \frac{[-2.25 - (-2.375)]}{2} = -2.375 + 0.0625 = -2.3125$$

$$f(x_4) = f(-2.3125) = 2(-2.3125)^2 + 5(-2.3125) + 1 = +0.1328$$

Análise de intervalo:

$$\left[\frac{-2.375}{f(a) = +} \quad \frac{-2.3125}{f(x_4) = +} \quad \frac{-2.25}{f(b) = -}\right]$$

$f(a) * f(x_4) > 0$,no Intervalo [-2,375, -2,3125], não corta o gráfico ao eixo X, portanto, não é objeto de estudo.

$f(x_4) * f(b) < 0$,no Intervalo [-2,3125, -2,25], se corta o gráfico ao eixo X, portanto, se é objeto de estudo.

Erro percentual existente até a Iteração 4.

$$E_p = \left|\frac{V_{act} - V_{ant}}{Vact}\right| * 100$$

$$E_p = \left|\frac{-2.3125 - (-2.375)}{-2.3125}\right| * 100 = 2.70\%$$

Conclusões do método :

Na iteração nº 4 a função f(x) cruza o eixo x aproximadamente em x = -2,3125, porém, de acordo com o erro percentual há um erro de 2,70% em relação ao valor real, ou seja, x = -2,3125 não É o valor verdadeiro, mas um valor aproximado.

O valor mais próximo de 0% é obtido na iteração número 12; Por razões práticas, as restantes sete iterações não são desenvolvidas, mas esclarece-se que as quatro primeiras são realizadas da mesma forma.

Iteração 12.

Na iteração nº 11 foi concluído com um intervalo [-2,2813, -2,28], onde
a = -2,2813 - b = -2,28 e$x_{11} = -2.2808$

Considere novamente a expressão:$x_i = a + (b - a)/2$

$$x_{12} = -2.2813 + \frac{[-2.28 - (-2.2813)]}{2} = -2.2813 + 0.0007$$
$$= -2.2806$$

Erro percentual existente até a Iteração 12.

$$E_p = \left|\frac{-2.2806 - (-2.2808)}{-2.2806}\right| * 100 = 0.0088\%$$

Não é necessário avaliar f(x $_{12}$) pois o Erro Percentual (Ep) é próximo de 0%, portanto, segue-se que o valor de f(x) quando cruza o eixo X é -2,2806.

A Tabela 1 é criada em uma planilha Excel, e são encontrados todos os valores obtidos em cada iteração até chegar a 0%. (a é o extremo esquerdo do intervalo, b é o extremo direito do intervalo, Vm = Xi é o valor médio dos intervalos; f(a), f(xi) e f(b), são as avaliações das variáveis, Ea é o erro absoluto, Er é o erro relativo e Ep é o erro percentual.)

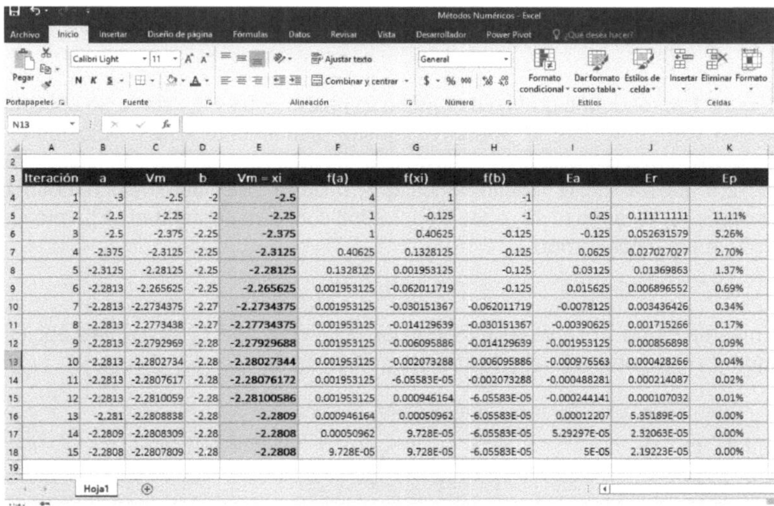

Iteración	a	Vm	b	Vm = xi	f(a)	f(xi)	f(b)	Ea	Er	Ep
1	-3	-2.5	-2	**-2.5**	4	1	-1			
2	-2.5	-2.25	-2	**-2.25**	1	-0.125	-1	0.25	0.111111111	11.11%
3	-2.5	-2.375	-2.25	**-2.375**	1	0.40625	-0.125	-0.125	0.052631579	5.26%
4	-2.375	-2.3125	-2.25	**-2.3125**	0.40625	0.1328125	-0.125	0.0625	0.027027027	2.70%
5	-2.3125	-2.28125	-2.25	**-2.28125**	0.1328125	0.001953125	-0.125	0.03125	0.01369863	1.37%
6	-2.2813	-2.265625	-2.25	**-2.265625**	0.001953125	-0.062011719	-0.125	0.015625	0.006896552	0.69%
7	-2.2813	-2.2734375	-2.27	**-2.2734375**	0.001953125	-0.030151367	-0.062011719	-0.0078125	0.003436426	0.34%
8	-2.2813	-2.2773438	-2.27	**-2.27734375**	0.001953125	-0.014129639	-0.030151367	-0.00390625	0.001715266	0.17%
9	-2.2813	-2.2792969	-2.28	**-2.27929688**	0.001953125	-0.006095886	-0.014129639	-0.001953125	0.000856898	0.09%
10	-2.2813	-2.2802734	-2.28	**-2.28027344**	0.001953125	-0.002073288	-0.006095886	-0.000976563	0.000428266	0.04%
11	-2.2813	-2.2807617	-2.28	**-2.28076172**	0.001953125	-6.05583E-05	-0.002073288	-0.000488281	0.000214087	0.02%
12	-2.2813	-2.2810059	-2.28	**-2.28100586**	0.001953125	0.000946164	-6.05583E-05	-0.000244141	0.000107032	0.01%
13	-2.281	-2.2808838	-2.28	**-2.2809**	0.000946164	0.00050962	-6.05583E-05	0.00012207	5.35189E-05	0.00%
14	-2.2809	-2.2808309	-2.28	**-2.2808**	0.00050962	9.728E-05	-6.05583E-05	5.29297E-05	2.32063E-05	0.00%
15	-2.2808	-2.2807809	-2.28	**-2.2808**	9.728E-05	9.728E-05	-6.05583E-05	5E-05	2.19223E-05	0.00%

Tabela 1. Iterações da função f(x)

1.2 MÉTODO GRÁFICO .

A Figura 1 apresenta o gráfico da função $f(x) = 2x^2 + 5x + 1$, criada no aplicativo clássico Geogebra 5.0; O aplicativo mostra visualmente que o valor onde a função f(x) cruza o eixo x está efetivamente no intervalo [-3,-2], com x não maior que -2,5. Desta forma, confirmamos que o dado calculado pelo método da bissecção na iteração nº 12, onde x = - 2,2806 com erro percentual (Ep) próximo de 0%, é um valor correto.

Da mesma forma, observa-se também que no intervalo [-1,0] f(x) cruza a abcissa, enquanto no intervalo [1,2] não cruza o gráfico da função.

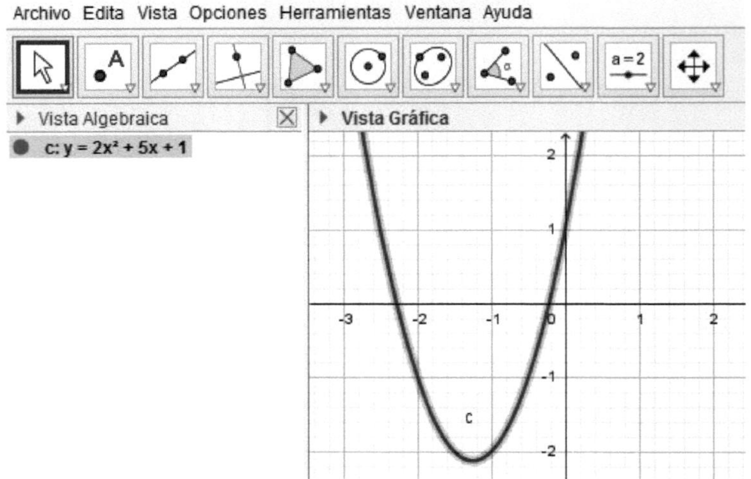

Figura nº 1Gráfico da função $2x^2 +5x+1$

1.3 MÉTODO DE REGRA FALSA

Assim como o método anterior, este também é considerado um método de intervalo fechado, requer dois valores iniciais para sua raiz; Embora o método da bissecção seja uma técnica perfeitamente válida para determinar raízes, seu método de aproximação por "força bruta" é relativamente ineficiente. A falsa posição é uma alternativa baseada em iterações finitas.

Com este método, são determinadas raízes de x que satisfazem uma equação f(x), onde, na maioria dos casos, f(x) será uma função conhecida, real, univariável e contínua, na verdade, uma ou duas vezes diferenciável em. a região de interesse. A função f(x) pode ser um polinômio.

Neste tópico é dada uma função real f de uma variável real x, seu comportamento é examinado para uma magnitude muito grande de x e assim localizando todas as suas raízes dentro de um de seus intervalos finitos.

Para demonstrar e conseguir uma comparação entre os métodos, desenvolve-se a mesma função realizada no método da bissecção com os mesmos intervalos, mas cabe ao leitor construir seus próprios critérios.

Dada a função f(x) =$2x^2 + 5x + 1$

a) [-1,0] o valor da variável eixo X.
b) Qual é o valor de X no momento em que o gráfico cruza o eixo X.

Procedimento para determinar em qual intervalo o gráfico se cruza.

O procedimento para determinar os intervalos de estudo é exatamente o mesmo utilizado no **Método da Bissecção** . Eles são descritos abaixo:

- ***Para o intervalo [1,2], considerando o intervalo [a, b], onde a = 1 e b = 2***

- Avalie f(a) e f(b):

$$f(a) = f(1) = 2(1)^2 + 5(1) + 1 = 8$$
$$f(b) = f(2) = 2(2)^2 + 5(2) + 1 = 19$$

- Se f(a)*f(b) < 0, então o gráfico passa pelo eixo X no intervalo estudado, caso contrário não intercepta o eixo. Nesse caso:
-

$$f(a) * f(b) = 152, es\ mayor\ que\ CERO.$$

Portanto, no intervalo [1,2] não cruza o gráfico da função no eixo X e não é objeto de estudo porque não faz parte da função.

- ***Para o intervalo [-3,-2], considerando o intervalo [a, b], onde a = -3 e b = -2***
- Avalie f(a) e f(b):

$$f(a) = f(-3) = 2(-3)^2 + 5(-3) + 1 = 4$$
$$f(b) = f(-2) = 2(-2)^2 + 5(-2) + 1 = -1$$

- Como f(a)*f(b) < 0, então, o gráfico passa pelo intervalo estudado cruzando o eixo X. Neste caso:

$$f(a) * f(b) = -4, es\ menor\ que\ CERO.$$

Portanto, no intervalo [-3,-2] se cruza o gráfico da função no eixo X e é objeto de estudo porque faz parte da função.

• ***Para o intervalo [-1,0], considerando o intervalo [a, b], onde a = -1 e b = 0***

• Avalie f(a) e f(b):

$$f(a) = f(-1) = 2(-1)^2 + 5(-1) + 1 = -2$$
$$f(b) = f(0) = 2(0)^2 + 5(0) + 1 = +1$$

• Como f(a)*f(b) < 0, então, o gráfico passa pelo intervalo estudado cruzando o eixo X. Neste caso:

$$f(a) * f(b) = -2, es\ menor\ que\ CERO.$$

Portanto, no intervalo [-1,0] se cruza o gráfico da função no eixo X e é objeto de estudo por fazer parte da função.

Processo de análise de cada intervalo através de iterações buscando calcular o valor de

Primeiro intervalo para estudar [-3, -2].
Determine o valor que existe entre [-3, -2] usando a seguinte fórmula:

$x_i = \frac{af(b)-bf(a)}{f(b)-f(a)}$, (Fórmula nº 3) então:

Iteração 1.
Onde: a = -3 e b = -2, avaliando esses valores na função, temos:

$$f(a) = f(-3) = 2(-3)^2 + 5(-3) + 1 = +4$$
$$f(b) = f(-2) = 2(-2)^2 + 5(-2) + 1 = -1$$

Com esses valores avaliados na função e os do intervalo, eles são substituídos na fórmula nº 3

$$x_1 = \frac{(-3)(-1) - (-2)(4)}{-1 - (+4)} = \frac{3 + 8}{-5} = \frac{11}{-5} = -2.2$$

Avaliando f(xi):

$$f(x_1) = f(-2.2) = 2(-2.2)^2 + 5(-2.2) + 1 = -0.32$$

Análise de intervalo:

$$\left[\frac{-3}{f(a) = +} \quad \frac{-2.2}{f(x_1) = -} \quad \frac{-2}{f(b) = -}\right]$$

Como $f(a) * f(x_1) < 0$,então, no Intervalo [-3, -2,2], corta o gráfico ao eixo X, portanto, é objeto de estudo; reciprocamente:

$f(x_1) * f(b) > 0$,no Intervalo [-2,2, -2], então, não corta o gráfico até o eixo X, portanto, não é objeto de estudo.

Iteração 2.

Nele intervalo [-3, -2,2], onde a = -3 e b = -2,2

Avaliando esses valores na função, temos:

$$f(a) = f(-3) = 2(-3)^2 + 5(-3) + 1 = +4$$
$$f(b) = f(-2.2) = 2(-2.2)^2 + 5(-2.2) + 1 = -0.32$$

Considerando a fórmula nº 1

$$x_2 = \frac{(-3)(-0.32) - (-2.2)(+4)}{-0.32 - 4} = \frac{0.96 + 8.8}{-4.32} = -2.2593$$

$$f(x_2) = f(-2.2593) = 2(-2.2593)^2 + 5(-2.2593) + 1 = -0.0876$$

Análise de intervalo:

$$\left[\frac{-3}{f(a) = +} \quad \frac{-2.2593}{f(x_2) = -} \quad \frac{-2.2}{f(b) = -}\right]$$

$f(a) * f(x_2) < 0$,no Intervalo [-3, -2,2593], se corta o gráfico ao eixo X, portanto, se é objeto de estudo.

$f(x_2) * f(b) > 0$,no Intervalo [-2,2593, -2,2], não corta o gráfico ao eixo X, portanto, não é objeto de estudo.

Erro percentual existente até a Iteração 2.

$$E_p = \left|\frac{V_{act} - V_{ant}}{Vact}\right| * 100 \quad \textit{Fórmula No.2}$$

Onde :

V_{act} é o valor atual
V_{ant} é o valor anterior
Ep é erro percentual (%)

$$E_p = \left|\frac{-2.2593 - (-2.2)}{-2.2593}\right| * 100 = 2.6247\%$$

Iteração 3.

Nele intervalo [-3, -2,2593], onde a = -3 e b = -2,2593
Avaliando esses valores na função, temos:

$f(a) = f(-3) = 2(-3)^2 + 5(-3) + 1 = +4$
$f(b) = f(-2.2593) = 2(-2.2593)^2 + 5(-2.2593) + 1 = -0.0876$

Considerando a fórmula nº 1

$$x_3 = \frac{(-3)(-0.0876) - (-2.2593)(+4)}{-0.0876 - 4} = \frac{9.2952}{-4.0876} = -2.2740$$

$$f(x_3) = f(-2.2740) = 2(-2.2740)^2 + 5(-2.2740) + 1 = -0.027848$$

Análise de intervalo:

$$\left[\frac{-3}{f(a) = +} \quad \frac{-2.2740}{f(x_3) = -} \quad \frac{-2.2593}{f(b) = -}\right]$$

$f(a) * f(x_3) < 0$,no Intervalo [-3, -2,2740], se corta o gráfico ao eixo X, portanto, é objeto de estudo [1].

$f(x_3) * f(b) > 0$,no Intervalo [-2,2740, -2,2593], não corta o gráfico ao eixo X, portanto, não é objeto de estudo.

Erro percentual existente até a Iteração 3.

$$E_p = \left|\frac{-2.2740 - (-2.2593)}{-2.2740}\right| * 100 = 0.65\%$$

Com o erro percentual de 0,65% já pode ser considerado como o valor raiz em **x = -2,2740,** porém, se se busca chegar o mais próximo possível de ZERO por cento, é necessário continuar com as iterações tornando o procedimento repetitivo semelhante às iterações anteriores.

[1]Valor utilizado para a Iteração nº 4, o valor da planilha excel não é considerado.

Consulte a tabela 2 do Excel a seguir .

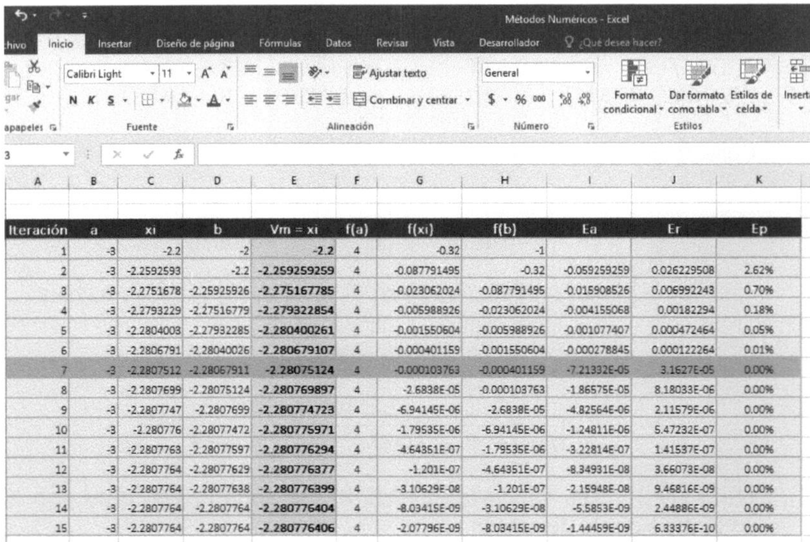

Iteración	a	xi	b	Vm = xi	f(a)	f(xi)	f(b)	Ea	Er	Ep
1	-3	-2.2	-2	-2.2	4	-0.32	-1			
2	-3	-2.2592593	-2.2	-2.259259259	4	-0.087791495	-0.32	-0.059259259	0.026229508	2.62%
3	-3	-2.2751678	-2.25925926	-2.275167785	4	-0.023062024	-0.087791495	-0.015908526	0.006992243	0.70%
4	-3	-2.2793229	-2.27516779	-2.279322854	4	-0.005988926	-0.023062024	-0.004155068	0.00182294	0.18%
5	-3	-2.2804003	-2.27932285	-2.280400261	4	-0.001550604	-0.005988926	-0.001077407	0.000472464	0.05%
6	-3	-2.2806791	-2.28040026	-2.280679107	4	-0.000401159	-0.001550604	-0.000278845	0.000122264	0.01%
7	-3	-2.2807512	-2.28067911	-2.28075124	4	-0.000103763	-0.000401159	-7.21332E-05	3.1627E-05	0.00%
8	-3	-2.2807699	-2.28075124	-2.280769897	4	-2.6838E-05	-0.000103763	-1.86575E-05	8.18033E-06	0.00%
9	-3	-2.2807747	-2.2807699	-2.280774723	4	-6.94145E-06	-2.6838E-05	-4.82564E-06	2.11579E-06	0.00%
10	-3	-2.280776	-2.28077472	-2.280775971	4	-1.79535E-06	-6.94145E-06	-1.24811E-06	5.47232E-07	0.00%
11	-3	-2.2807763	-2.28077597	-2.280776294	4	-4.64351E-07	-1.79535E-06	-3.22814E-07	1.41537E-07	0.00%
12	-3	-2.2807764	-2.28077629	-2.280776377	4	-1.201E-07	-4.64351E-07	-8.34931E-08	3.66073E-08	0.00%
13	-3	-2.2807764	-2.28077638	-2.280776399	4	-3.10629E-08	-1.201E-07	-2.15948E-08	9.46816E-09	0.00%
14	-3	-2.2807764	-2.2807764	-2.280776404	4	-8.03415E-09	-3.10629E-08	-5.5853E-09	2.44886E-09	0.00%
15	-3	-2.2807764	-2.2807764	-2.280776406	4	-2.07796E-09	-8.03415E-09	-1.44459E-09	6.33376E-10	0.00%

Tabela 2Método de posição falsa de planilha do Excel

Observe que em:

Iteração 4.

Com um intervalo [-3, -2,2740], onde a = -3 e b = -2,2740, obtemos: x_4 =-2,2793 e um Ep = 18%

Iteração 5.
Com um intervalo [-3, -2,2793], onde a = -3 e b = -2,2793, obtemos:
x_5 =-2,2804 e um Ep = 0,05%

Iteração 6.
Com um intervalo [-3, -2,2804], onde a = -3 e b = -2,2804, obtemos:
$x_6 = -2.2807$[2]e um Ep = 0,01%

Enquanto estiver em:

Iteração 7.
Com um intervalo [-3, -2,2807], onde a = -3 e b = -2,2807, obtemos:
x_7 =-2,2807 e um Ep = 0,00%

Conclusões do método :
Conclui-se que o valor da raiz da função que mais se aproxima de 0% é dado na Iteração nº 7. Este valor de x_7 também pode ser verificado através do Método da Bissecção e do Método Gráfico vistos anteriormente.
Então, X_7 = -2,2807

Da mesma forma, o intervalo [-1, 0] pode ser avaliado para obter com precisão o segundo ponto onde a função f(x) cruza o eixo X.

[2]Valor retirado da figura 1, mas arredondado para 10 milésimos de posição.

Capítulo 2

Métodos de intervalo fechado

2.1 Método do ponto fixo.
2.2 Método de Newton Raphson
2.3 Método Secante
2.4 Método de raízes múltiplas.

2.1 MÉTODO DO PONTO FIXO.

O Método de Ponto Fixo é uma técnica de resolução numérica classificada como método de intervalo aberto. Esta abordagem utiliza iterações sistemáticas de tentativa e erro, sendo especialmente útil quando métodos fechados não oferecem resultados satisfatórios. Embora computacionalmente eficiente, nem sempre garante convergência para uma solução (Chapra & P. Canale , 2007).

Este método é usado para aproximar a raiz de uma equação não linear. Sua formulação baseia-se na reestruturação de uma equação da forma f(x) = 0. Através desta iteração, buscamos encontrar um valor de x que permaneça no lado esquerdo da equação.

Nesta antologia são explicados detalhadamente os passos necessários para realizar uma iteração correta, garantindo assim um resultado satisfatório. Será utilizada a mesma função abordada nos Métodos da Bissecção e da Falsa Posição, com o objetivo de demonstrar que é possível obter o mesmo resultado através do Método do Ponto Fixo. Espero que você ache esta informação útil.

Ao contrário dos dois métodos anteriores, com o método do ponto fixo só podemos encontrar uma das duas raízes da função f(x), daí o seu nome, pois o intervalo estudado é tão largo que vai ($-\infty, +\infty$) e não é capaz de encontre mais de uma raiz.

Lembremos que a função f(x) = $2x^2 + 5x + 1$possui duas raízes e elas se encontram nos intervalos [-3,-2] e [-1,0]; então vamos ver o que acontece ao desenvolver esse método.

Procedimento para determinar o valor da raiz.

- Primeiro. Definimos a função igual a zero:

$$f(x) = 2x^2 + 5x + 1$$

$$2x^2 + 5x + 1 = 0$$

- A seguir, identificamos a variável com menor grau na função e resolvemos .

$$2x^2 + 5x + 1 = 0$$

$$5x = -2x^2 - 1$$

$$x = \frac{-2x^2 - 1}{5}$$

- Uma vez determinada a folga ou equivalência, o próximo passo é testar a raiz [3]. Recomenda-se que o valor inicial da primeira iteração x_0 seja igual a 0 (zero). Desta forma: $x_i = x_0 = 0$, y é o valor que a variável quadrática assume na folga, portanto:

- As seguintes iterações são calculadas da seguinte forma:

$$x_{i+1} = \frac{-2x^2 - 1}{5}$$

$$x_1 = \frac{-2(0)^2 - 1}{5} = -\frac{1}{5} = -0.2$$

$$x_2 = \frac{-2(-0.2)^2 - 1}{5} = -\frac{27}{50} = -0.216$$

[3]Métodos Numéricos Aplicados à Engenharia

Considerando que o erro percentual (Ep) é determinado com a fórmula 2

$$E_p = \left|\frac{-0.216 - (-0.2)}{-0.216}\right| * 100 = 7.4074\%$$

$$x_3 = \frac{-2(-0.216)^2 - 1}{5} = -0.2187$$

$$E_p = \left|\frac{-0.2187 - (-0.216)}{-0.2187}\right| * 100 = 1.2346\%$$

Na iteração nº 4, percebe-se que o valor da raiz já pode ser considerado como um valor verdadeiro, pois é o que mais se aproxima de 0% de Ep , portanto, já pode ser considerado como o valor que cruza a função f(x) com o eixo **X.** Observar.

$$x_4 = \frac{-2(-0.2187)^2 - 1}{5} = -0.2191$$

$$E_p = \left|\frac{-0.2191 - (-0.2187)}{-0.2191}\right| * 100 = 0.1971\%$$

Enquanto na iteração 5:

$$x_5 = \frac{-2(-0.2191)^2 - 1}{5} =$$

$$E_p = \left|\frac{-0.2192 - (-0.2191)}{-0.2192}\right| * 100 = 0.0456\%$$

Com o valor obtido na iteração nº 5, onde x_5 = -0,2192, observa-se que se atinge um erro percentual muito próximo de 0%. Sob este argumento, pode-se afirmar que a raiz da função está em. o intervalo [-1, 0] e decide concluir as iterações.

A seguir, é realizada a verificação da função para provar a veracidade do valor x_5 = -0,2192

- **Testando.**

Substituindo o valor x $_5$= -0,2192 na função:

$$f(x) = 2x^2 + 5x + 1$$

$$2(-0.2192)^2 + 5(-0.2192) + 1 = 0$$

$$0.0961 - 1.096 + 1 = 0$$

$$0.0001 \cong 0$$

A tabela 3 do Excel a seguir mostra todas as iterações possíveis para esta função, bem como a variação e aproximação que se obtém no Ep .

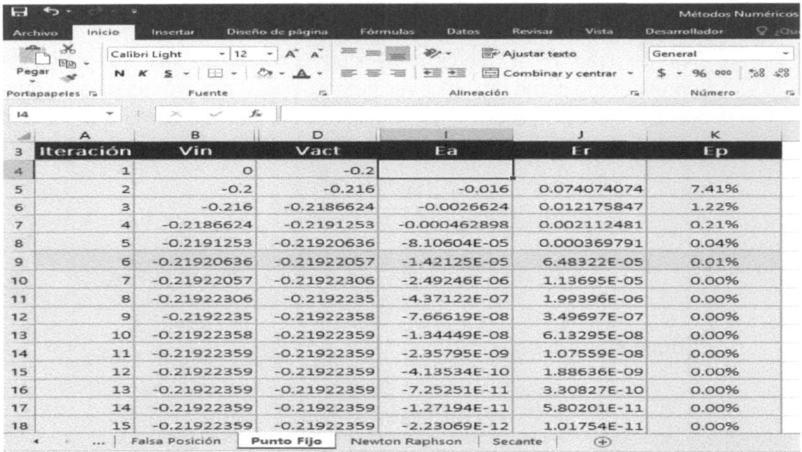

Iteración	Vin	Vact	Ea	Er	Ep
1	0	-0.2			
2	-0.2	-0.216	-0.016	0.074074074	7.41%
3	-0.216	-0.2186624	-0.0026624	0.012175847	1.22%
4	-0.2186624	-0.2191253	-0.000462898	0.002112481	0.21%
5	-0.2191253	-0.21920636	-8.10604E-05	0.000369791	0.04%
6	-0.21920636	-0.21922057	-1.42125E-05	6.48322E-05	0.01%
7	-0.21922057	-0.21922306	-2.49246E-06	1.13695E-05	0.00%
8	-0.21922306	-0.2192235	-4.37122E-07	1.99396E-06	0.00%
9	-0.2192235	-0.21922358	-7.66619E-08	3.49697E-07	0.00%
10	-0.21922358	-0.21922359	-1.34449E-08	6.13295E-08	0.00%
11	-0.21922359	-0.21922359	-2.35795E-09	1.07559E-08	0.00%
12	-0.21922359	-0.21922359	-4.13534E-10	1.88636E-09	0.00%
13	-0.21922359	-0.21922359	-7.25251E-11	3.30827E-10	0.00%
14	-0.21922359	-0.21922359	-1.27194E-11	5.80201E-11	0.00%
15	-0.21922359	-0.21922359	-2.23069E-12	1.01754E-11	0.00%

Tabela 3Método de ponto fixo em planilha do Excel

Conclusões do método :

O método é fácil, embora nem sempre funcione ou obtenha uma resposta totalmente eficaz, como é o caso do segundo valor no intervalo [-3, -2].

Você só precisa de conhecimentos básicos de folgas, substituições e, claro, do uso de uma calculadora ou, na melhor das hipóteses, do poderoso Excel .

2.2 MÉTODO NEWTON RAPHSON.

O Método Newton-Raphson é uma técnica numérica amplamente utilizada para encontrar raízes de equações não lineares (Chapra & P. Canale , 2007). Este método, classificado como método de intervalo aberto, caracteriza-se pela rapidez e eficácia na convergência para uma solução. Seu desempenho muitas vezes excede o de outros métodos, como a bissecção e os descritos anteriormente.

Para aplicar este método com sucesso, é essencial ter conhecimentos básicos de álgebra, cálculo de derivadas, avaliação de funções e tratamento de percentagens. Esta antologia detalha as etapas necessárias para realizar iterações corretas, garantindo resultados satisfatórios. Utilizaremos a mesma função abordada nos métodos anteriores, com o objetivo de demonstrar que o mesmo resultado pode ser alcançado. Espero que este guia seja muito útil para você.

Talvez de todas as fórmulas para cálculo de raízes, a expressão de Newton Raphson seja a mais utilizada. Se o valor inicial da raiz for x_i, então uma tangente pode ser traçada a partir do ponto [x_i, f(x_i)] da curva de uma função, portanto o ponto onde esta reta tangente cruza o eixo x representa um melhor aproximação da raiz [4].

Com este método você pode determinar mais de uma raiz diferencial do método de ponto fixo.

Lembremos que a função $f(x) = 2x^2 + 5x + 1$possui duas raízes e elas se encontram nos intervalos [-3,-2] e [-1,0]; então vamos ver o que acontece ao desenvolver esse método.

Procedimento para determinar o valor da raiz.

- Primeiro. A fórmula de Newton Raphson é proposta:

$$x_{i+1} = x_i - \frac{f(x_i)}{f'(x_i)} \qquad Fórmula\ No. 4$$

Observe que para usar a fórmula você precisa de um valor inicial, avaliar e derivar uma função.

- Uma das questões que às vezes requer resposta em matemática é: Que valores precisamos dar a x em uma função f(x) para que seja 0, ou seja, f(x) = 0? Se conseguíssemos obter uma resposta, exata ou muito aproximada, qualquer que fosse o meio pelo qual a obtivemos, então, nesse momento, teríamos os pontos de uma função que se cruzará com o eixo x num plano cartesiano. Vamos começar diferenciando a função f(x):

$$f(x) = 2x^2 + 5x + 1$$
$$f'(x) = 4x + 5$$

- Pronto, podemos iniciar as iterações; O primeiro, conhecido como x_0, pode ser qualquer valor, e atribuído arbitrariamente, recomendo que nesta ocasião comece com $x_i = x_0 = 0$

Iteração nº 1 . Usando a fórmula de Newton Raphson, substituímos o valor inicial de $x_0 = 0$

$$x_{i+1} = x_i - \frac{f(x_i)}{f'(x_i)}$$

[4]Métodos Numéricos para Engenheiros. Steven C. Chapra. Quinta Edição. Colina McGraw

Avaliando f(x) e f'(x), temos:

$$f(0) = 2(0)^2 + 5(0) + 1$$
$$f(0) = 1$$
$$f'(0) = 4(0) + 5$$
$$f'(0) = 5$$

Com os valores obtidos, eles são substituídos na fórmula nº 4:

$$x_1 = (0) - \frac{1}{5}$$

$$x_1 = -\frac{1}{5} = -0.20$$

Iteração nº 2 . Com o valor de x $_1$ = -0,20, a segunda iteração é determinada; e avaliando f(x) e f'(x), temos:

$$f(-0.20) = 2(-0.20)^2 + 5(-0.20) + 1$$

$$f(-0.20) = 0.08 - 1 + 1$$

$$f(0.20) = 0.08$$

$$f'(-0.20) = 4(-0.20) + 5$$

$$f'(-0.20) = -0.80 + 5$$

$$f'(-0.20) = 4.20 \therefore$$

Com os valores obtidos, eles são substituídos na fórmula nº 4:

$$x_2 = -0.20 - \frac{0.08}{4.20}$$

$$x_2 = -0.20 - 0.0190 = -0.2190$$

Considerando que o Erro Percentual (Ep) é determinado com a seguinte fórmula, temos:

$$E_p = \left|\frac{V_{act} - V_{ant}}{Vact}\right| * 100 \quad Fórmula\ No.2$$

Onde : V $_{act}$ é o valor atual
V $_{ant}$ é o valor anterior
Ep é erro percentual (%)

$$E_p = \left|\frac{-0.2190 - (-0.20)}{-0.2190}\right| * 100 = 8.6758\%$$

Iteração nº 3 . Com o valor de x $_2$ = -0,2190, a terceira iteração e é determinada avaliando f(x) e f'(x) e chegamos a:

$$f(-0.2190) = 2(-0.2190)^2 + 5(-0.2190) + 1$$

$$f(-0.2190) = 0.09592 - 1.095 + 1$$

$$f(-0.2190) = 0.00092$$

$$f'(-0.2190) = 4(-0.2190) + 5$$

$$f'(-0.2190) = -0.8760 + 5$$

$$f'(-0.2190) = 4.1240 \therefore$$

Com os valores obtidos, eles são substituídos na fórmula nº 4:

$$x_3 = -0.2190 - \frac{0.00092}{4.1240}$$

$$x_3 = -0.2190 - 0.0002231 = -0.2192$$

Determinando o erro percentual (Ep) com a fórmula nº 2, temos:

$$E_p = \left|\frac{-0.2192 - (-0.2190)}{-0.2192}\right| * 100 = 0.0912\%$$

Com o valor obtido na iteração nº 3, onde x $_3$ = -0,2192, observa-se que o erro percentual está muito próximo de 0%. Sob este argumento, pode-se afirmar que a raiz da função está no intervalo [- 1, 0] e decidir concluir as iterações.

A seguir, é realizada uma verificação na função para provar a veracidade do valor x $_3$ = -0,2192

- **Testando.**

  Substituição do valor x $_3$ = -0,2192 na função:

f(x) =$2x^2 + 5x + 1$

$$2(-0.2192)^2 + 5(-0.2192) + 1 = 0$$

$$0.0961 - 1.096 + 1 = 0$$

$$0.0001 \cong 0$$

A tabela 4 do Excel a seguir mostra todas as iterações possíveis para esta função, bem como a variação e aproximação que se obtém no Ep .

3	Iteración	Xn	Xn+1	f(x)	f'(x)	Ea	Er	Ep
4	1	0	-0.2	1	5			
5	2	-0.2	-0.219047619	0.08	4.2	-0.2	1	100.00%
6	3	-0.2190476	-0.219223579	0.000725624	4.123809524	-0.019047619	0.086956522	8.70%
7	4	-0.2192236	-0.219223594	6.19235E-08	4.123105686	-0.00017596	0.000802649	0.08%
8	5	-0.2192236	-0.219223594	0	4.123105626	-1.50187E-08	6.85084E-08	0.00%
9	6	-0.2192236	-0.219223594	0	4.123105626	0	0	0.00%
10	7	-0.2192236	-0.219223594	0	4.123105626	0	0.000000E+00	0.00%
11	8	-0.2192236	-0.219223594	0	4.123105626	0	0.000000E+00	0.00%
12	9	-0.2192236	-0.219223594	0	4.123105626	0	0.000000E+00	0.00%
13	10	-0.2192236	-0.219223594	0	4.123105626	0	0.000000E+00	0.00%
14	11	-0.2192236	-0.219223594	0	4.123105626	0	0.000000E+00	0.00%
15	12	-0.2192236	-0.219223594	0	4.123105626	0	0.000000E+00	0.00%
16	13	-0.2192236	-0.219223594	0	4.123105626	0	0.000000E+00	0.00%
17	14	-0.2192236	-0.219223594	0	4.123105626	0	0.000000E+00	0.00%
18	15	-0.2192236	-0.219223594	0	4.123105626	0	0.000000E+00	0.00%
19								
20								

... | Falsa Posición | Punto Fijo | **Newton Raphson** | Secante | ⊕

Tabela 4. Planilha Excel - Método Newton Raphson

A diferença entre este método e o método do ponto fixo, conforme mencionado no início, é que você pode calcular ambas as raízes, pois o valor inicial de x_0 não teria necessariamente que ser ZERO; o valor da raiz que está no intervalo [-3, -2], você pode encontrá-lo se atribuir a x_0 o valor de -3; Deixo isso fora do dever de casa!!

Se o desenvolvimento deste método for formulado em uma planilha Excel, você pode verificar os dois valores de x_0 que recomendei.

CONCLUSÕES DO MÉTODO :

O método é fácil e menos complexo que o método do ponto fixo, e é válido para calcular mais de uma raiz, o que o diferencia de outros métodos de intervalo aberto. Como pode ser visto, é importante saber derivar, caso contrário isso pode ser um obstáculo para se chegar ao resultado correto. Recomendo executar os procedimentos em uma planilha Excel para conhecer os diferentes valores de x_i que são obtidos para cada iteração.

2.3 MÉTODO SECANTE.

O Método da Secante é uma técnica poderosa e eficaz para encontrar os zeros de uma função iterativamente. Ao contrário dos métodos fechados que exigem que a função mude de sinal entre dois pontos, este é um método de intervalo aberto baseado em dois valores iniciais de x. Esta característica permite que o método seja aplicado em situações onde a condição de mudança de sinal não é atendida, o que amplia sua utilidade na prática.

Em contraste com o Método Newton-Raphson, que usa a derivada da função para calcular a aproximação da raiz, o Método da Secante depende da extrapolação de uma secante através de dois pontos na função f(x). Ao utilizar uma diferença dividida em vez de uma derivada, este método simplifica o processo de cálculo, tornando-o acessível mesmo nos casos em que a derivada pode ser complicada ou cara de obter (Nieves & C. Domínguez, 1998).

Os parágrafos e cálculos a seguir têm como objetivo guiá-lo pelas etapas necessárias para realizar uma iteração bem-sucedida com o Método Secante, usando a mesma função apresentada nos métodos anteriores. Ao fazê-lo, procuramos demonstrar que é possível alcançar resultados consistentes e satisfatórios, independentemente da abordagem utilizada. Esperamos que esta informação seja muito útil para você no seu aprendizado e aplicação de métodos numéricos.

Dentre as fórmulas para cálculo de raízes, o Método Newton-Raphson é provavelmente o mais utilizado. No entanto, a sua principal desvantagem é que requer o conhecimento do valor da primeira derivada da função no ponto específico. Em alguns casos, a forma de f(x) dificulta o cálculo desta derivada. Nessas situações, o Método Secante apresenta-se como uma alternativa mais favorável, pois se baseia em dois valores avaliados diretamente na função sem a necessidade de modificá-la. A partir desses valores, a raiz é determinada usando uma diferença dividida.

A função f(x) que será desenvolvida para este método é a mesma que trabalhamos nos tópicos anteriores: $f(x) = 2x^2 + 5x + 1$, portanto já sabemos que ela possui duas raízes e elas se encontram nos intervalos [-3,-2] e [- 1,0]; então vamos ver o que acontece ao desenvolver esse método.

Procedimento para determinar o valor da raiz.

- Primeiro. A fórmula secante é proposta:

$$x_i = x_{i-1} - \frac{f(x_{i-1})(x_{i-1} - x_{i-2})}{f(x_{i-1}) - f(x_{i-2})} \qquad Fórmula\ No. 5$$

- Vamos considerar a função f(x) em estudo:

$$f(x) = 2x^2 + 5x + 1$$

- Pronto, vamos iniciar as iterações; então é necessário definir os dois valores iniciais; Pode ser qualquer um, recomendo que nesta ocasião você comece com:

$$x_0 = -2 \qquad x_1 = 1$$

Esses valores são escolhidos com os dois intervalos que já conhecemos como referência, mas no final podem ser quaisquer.

Iteração nº 2 . Usando a fórmula secante, substituímos os valores iniciais. Sabendo disso:$x_0 = -2 \qquad x_1 = 1$

Avaliando f(x) temos:

$$f(x_0) = f(-2) = 2(-2)^2 + 5(-2) + 1$$
$$f(-2) = 8 - 10 + 1$$
$$f(-2) = -1$$
$$f(x_1) = f(1) = 2(1)^2 + 5(1) + 1$$
$$f(x_i) = 2 + 5 + 1$$
$$f(0) = 8$$

Com os valores obtidos, eles são substituídos na fórmula nº 5:

$$x_i = x_{i-1} - \frac{f(x_{i-1})(x_{i-1} - x_{i-2})}{f(x_{i-1}) - f(x_{i-2})}$$

$$x_2 = x_1 - \frac{f(x_1)(x_1 - x_0)}{f(x_1) - f(x_0)}$$
$$x_2 = 1 - \frac{8[1-(-2)]}{8-(-1)}$$

$$x_2 = 1 - \frac{24}{9} = -\frac{5}{3} = -1.6666, este\ valor\ es\ el\ nuevo\ x_i$$

Iteração nº 3 . Com o valor de x ₂ = -1,6666, a terceira iteração é determinada considerando que :$x_1 = 1,\ x_2 = -1.6666$

$$x_3 = x_2 - \frac{f(x_2)(x_2 - x_1)}{f(x_2) - f(x_1)}$$

Avaliando f(x) temos:

$$f(x_1) = f(1) = 2(1)^2 + 5(1) + 1$$
$$f(1) = 2 + 5 + 1$$
$$f(1) = 8$$

$$f(x_2) = f(-1.6666) = 2(-1.6666)^2 + 5(-1.6666) + 1$$
$$f(-1.6666) = 5.5551 - 8.333 + 1$$
$$f(-1.6666) = -1.7777$$

Usando a fórmula da secante e substituindo:

$$x_3 = -\frac{5}{3} - \frac{-1.7777\left(-\frac{5}{3} - 1\right)}{-1.7777 - 8}$$

$$x_3 = -\frac{5}{3} - \frac{\frac{128}{27}}{-\frac{88}{9}} = -\frac{5}{3} - \left(-\frac{16}{33}\right)$$
$$x_3 = -\frac{13}{11} = -1.1818, este\ valor\ es\ el\ nuevo\ x_i$$

Considerando que o Erro Percentual (Ep) é determinado com a seguinte fórmula, temos:

$$E_p = \left|\frac{V_{act} - V_{ant}}{Vact}\right| * 100 \quad Fórmula\ No.2$$

Onde : V_{act} é o valor atual
V_{ant} é o valor anterior
Ep é erro percentual (%)

$$E_p = \left|\frac{-1.1818 - (-1.6666)}{-1.1818}\right| * 100 = 41.02\%$$

O valor raiz ainda está muito distante do valor real, é o que indica o erro percentual E_p.

Iteração nº 4 . Com o valor de x $_3$ = -1,1818, a seguinte iteração é determinada considerando que :$x_2 = -1.6666,\ x_3 = -1.1818$

$$x_4 = x_3 - \frac{f(x_3)(x_3 - x_2)}{f(x_3) - f(x_2)}$$

Avaliando f(x) temos:

$$f(x_2) = f(-1.6666) = 2(-1.6666)^2 + 5(-1.6666) + 1$$
$$f(-1.6666) = 5.5551 - 8.333 + 1$$
$$f(-1.6666) = -1.7779$$

$$f(x_3) = f(-1.1818) = 2(-1.1818)^2 + 5(-1.1818) + 1$$
$$f(-1.1818) = 2.7933 - 5.909 + 1$$
$$f(-1.1818) = -2.1157$$

Usando a fórmula da secante e substituindo:

$$x_4 = -1.1818 - \frac{(-2.1157)[-1.1818 - (-1.6666)]}{-2.1157 - (-1.7779)}$$

$$x_4 = -1.1818 - \frac{768}{253} = -4.2174, este\ valor\ es\ el\ nuevo\ x_i$$

Determinando o erro percentual (Ep) com a fórmula nº 2, temos:

$$E_p = \left|\frac{-4.2174 - (-1.1818)}{-4.2174}\right| * 100 = 71.98\%$$

Com o ***valor*** obtido na iteração nº 4 , onde da raiz), este, aumentou; Recomendo manter a calma e dar ao método a confiança necessária.
Iteração nº 5 . Com o valor de x $_4$ = -4,2174, a seguinte iteração é determinada considerando que :$x_3 = -1.1818,\ x_4 = -4.2174$

$$x_5 = x_4 - \frac{f(x_4)(x_4 - x_3)}{f(x_4) - f(x_3)}$$

Avaliando f(x) temos:

$$f(x_3) = f(-1.1818) = 2(-1.1818)^2 + 5(-1.1818) + 1$$

$$f(-1.1818) = 2.7933 - 5.909 + 1$$
$$f(-1.1818) = -2.1157$$

$$f(x_4) = f(-4.2174) = 2(-4.2174)^2 + 5(-4.2174) + 1$$
$$f(-4.2174) = 35.5729 - 21.087 + 1$$
$$f(-4.2174) = 15.4859$$

Usando a fórmula da secante e substituindo:

$$x_5 = -4.2174 - \frac{(15.4859)[-4.2174 - (-1.1818)]}{15.4859 - (-2.1157)}$$

$$x_5 = -4.2174 - \frac{(-47.0090)}{17.6016} = -1.5467, este\ valor\ es\ el\ nuevo\ x_i$$

Determinando o erro percentual (Ep) com a fórmula nº 2, temos:

$$E_p = \left|\frac{-1.5467 - (-4.2174)}{-1.5467}\right| * 100 = 172.67\%$$

Recomendo não entrar em pânico, mesmo que o erro percentual continue aumentando; Em algum momento das iterações ele ficará estável, depende muito dos valores inicialmente escolhidos.

Iteração nº 6 . Com o valor de x $_4$ = -4,2174, a seguinte iteração é determinada considerando que :$x_4 = -4.2174,\ x_5 = -1.5467$

$$x_6 = x_5 - \frac{f(x_5)(x_5 - x_4)}{f(x_5) - f(x_4)}$$

Avaliando f(x) temos:

$$f(x_4) = f(-4.2174) = 2(-4.2174)^2 + 5(-4.2174) + 1$$
$$f(-4.2174) = 35.5729 - 21.087 + 1$$
$$f(-4.2174) = 15.4859$$

$$f(x_5) = f(-1.5467) = 2(-1.5467)^2 + 5(-1.5467) + 1$$
$$f(-1.5467) = 4.7846 - 7.7335 + 1$$
$$f(-4.2174) = -1.9489$$

Usando a fórmula da secante e substituindo:

$$x_6 = -1.5467 - \frac{(-1.9489)[-1.5467 - (-4.2174)]}{-1.9489 - 15.4859}$$

$$x_6 = -1.5467 - \frac{(-5.2049)}{-17.4348} = -1.8452, este\ valor\ es\ el\ nuevo\ x_i$$

Determinando o erro percentual (Ep) com a fórmula nº 2, temos:

$$E_p = \left|\frac{-1.8452 - (-1.5467)}{-1.8452}\right| * 100 = 16.18\%$$

Um erro percentual melhor que os anteriores. Não?

Iteração nº 7 . Com o valor de x 4 = -4,2174, a seguinte iteração é determinada considerando que :$x_5 = -1.5467,\ x_6 = -1.8452$

$$x_7 = x_6 - \frac{f(x_6)(x_6 - x_5)}{f(x_6) - f(x_5)}$$

Avaliando f(x) temos:

$$f(x_5) = f(-1.5467) = 2(-1.5467)^2 + 5(-1.5467) + 1$$
$$f(-1.5467) = 4.7846 - 7.7335 + 1$$
$$f(-1.5467) = -1.9489$$

$$f(x_6) = f(-1.8452) = 2(-1.8452)^2 + 5(-1.8452) + 1$$
$$f(-1.8452) = 6.8095 - 9.226 + 1$$
$$f(-1.8452) = -1.4165$$

Usando a fórmula da secante e substituindo:

$$x_7 = -1.8452 - \frac{(-1.4165)[-1.8452 - (-1.5467)]}{-1.4165 - (-1.9489)}$$

$$x_7 = -1.8452 - \frac{0.4228}{0.5324} = -2.6393, este\ valor\ es\ el\ nuevo\ x_i$$

Determinando o erro percentual (Ep) com a fórmula nº 2, temos:

$$E_p = \left|\frac{-2.6393 - (-1.8452)}{-2.6393}\right| * 100 = 30.09\%$$

Tenha um pouco de paciência e segurança em saber que todas as iterações feitas até aqui foram corretas, mesmo que ele $E_p$tente provar o contrário.

Iteração nº 8 . Com o valor de x 4 = -4,2174, a seguinte iteração é determinada considerando que :$x_6 = -1.8452,\ x_7 = -2.6393$

$$x_8 = x_7 - \frac{f(x_7)(x_7 - x_6)}{f(x_7) - f(x_6)}$$

Avaliando f(x) temos:

$$f(x_6) = f(-1.8452) = 2(-1.8452)^2 + 5(-1.8452) + 1$$
$$f(-1.8452) = 6.8095 - 9.226 + 1$$
$$f(-1.8452) = -1.4165$$

$$f(x_7) = f(-2.6393) = 2(-2.6393)^2 + 5(-2.6393) + 1$$
$$f(-2.6393) = 13.9318 - 13.1965 + 1$$
$$f(-2.6393) = 1.7353$$

Usando a fórmula da secante e substituindo:

$$x_8 = -2.6393 - \frac{(1.7353)[-2.6393 - (-1.8452)]}{1.7353 - (-1.4165)}$$

$$x_8 = -2.6393 - \frac{(-1.3780)}{3.1518} = -2.2021, este\ valor\ es\ el\ nuevo\ x_i$$

Determinando o erro percentual (Ep) com a fórmula nº 2, temos:

$$E_p = \left|\frac{-2.2021 - (-2.6393)}{-2.2021}\right| * 100 = 19.85\%$$

Com o valor obtido na iteração nº 8, onde x $_8$ = -2,2021, observa-se um resultado no erro percentual mais uma vez próximo de 0%.

Iteração nº 9 . Com o valor de x $_8$ = -2,2021, a seguinte iteração é determinada considerando que :$x_7 = -2.6393,\ x_8 = -2.2021$

$$x_9 = x_8 - \frac{f(x_8)(x_8 - x_7)}{f(x_8) - f(x_7)}$$

Avaliando f(x) temos:

$$f(x_7) = f(-2.6393) = 2(-2.6393)^2 + 5(-2.6393) + 1$$
$$f(-2.6393) = 13.9318 - 13.1965 + 1$$
$$f(-2.6393) = 1.7353$$

$$f(x_8) = f(-2.2021) = 2(-2.2021)^2 + 5(-2.2021) + 1$$
$$f(-2.2021) = 9.6985 - 11.0105 + 1$$
$$f(-2.2021) = -0.312$$

Usando a fórmula da secante e substituindo:

$$x_9 = -2.2021 - \frac{(-0.312)[-2.2021 - (-2.6393)]}{-0.312 - (1.7353)}$$

$$x_9 = -2.2021 - \frac{(-0.1364)}{-2.0473} = -2.2687, \textit{este valor es el nuevo } x_i$$

Determinando o erro percentual (Ep) com a fórmula nº 2, temos:

$$E_p = \left|\frac{-2.2687 - (-2.2021)}{-2.2687}\right| * 100 = 2.94\%$$

E ele E_p? Muito melhor, certo?

Iteração nº 10 . Com o valor de x 9 = -2,2687, a seguinte iteração é determinada considerando que :$x_8 = -2.2021,\ x_9 = -2.2687$

$$x_{10} = x_9 - \frac{f(x_9)(x_9 - x_8)}{f(x_9) - f(x_8)}$$

Avaliando f(x) temos:

$$f(x_8) = f(-2.2021) = 2(-2.2021)^2 + 5(-2.2021) + 1$$
$$f(-2.2021) = 9.6985 - 11.0105 + 1$$
$$f(-2.2021) = -0.312$$

$$f(x_9) = f(-2.2687) = 2(-2.2687)^2 + 5(-2.2687) + 1$$
$$f(-2.2687) = 10.2940 - 11.3435 + 1$$
$$f(-2.2687) = -0.0495$$

Usando a fórmula da secante e substituindo:

$$x_{10} = -2.2687 - \frac{(-0.0495)[-2.2687 - (-2.2021)]}{-0.0495 - (-0.312)}$$

$$x_{10} = -2.2687 - \frac{0.00329}{0.2625} = -2.2812, \textit{este valor es el nuevo } x_i$$

Determinando o erro percentual (Ep) com a fórmula nº 2, temos:

$$E_p = \left|\frac{-2.2812 - (-2.2687)}{-2.2812}\right| * 100 = 0.55\%$$

Estamos muito próximos de atingir o valor mais aproximado do valor real. Já estamos abaixo de 0%. Se continuarmos com a iteração, será apenas para ficar o mais próximo possível.

Iteração nº 11 . Com o valor de x $_{10}$ = -2,2812, a seguinte iteração é determinada considerando que :$x_9 = -2.2687,\ x_{10} = -2.2812$

$$x_{11} = x_{10} - \frac{f(x_{10})(x_{10} - x_9)}{f(x_{10}) - f(x_9)}$$

Avaliando f(x) temos:

$$f(x_9) = f(-2.2687) = 2(-2.2687)^2 + 5(-2.2687) + 1$$
$$f(-2.2687) = 10.2940 - 11.3435 + 1$$
$$f(-2.2687) = -0.0495$$

$$f(x_{10}) = f(-2.2812) = 2(-2.2812)^2 + 5(-2.2812) + 1$$
$$f(-2.2812) = 10.4077 - 11.406 + 1$$
$$f(-2.2812) = 0.0017$$

Usando a fórmula da secante e substituindo:

$$x_{11} = -2.2812 - \frac{(0.0017)[-2.2812 - (-2.2687)]}{0.0017 - (-0.0495)}$$

$$x_{11} = -2.2812 - \frac{(-0.00002125)}{0.0512}$$
$$= -2.2808, este\ valor\ es\ el\ nuevo\ x_i$$

Determinando o erro percentual (Ep) com a fórmula nº 2, temos:

$$E_p = \left|\frac{-2.2808 - (-2.2812)}{-2.2808}\right| * 100 = 0.018\%$$

Pronto, chegamos; Embora não seja 0% puro , mas esteja muito próximo, isso será demonstrado com a seguinte verificação.

- **Testando.**

  Substituindo o valor x $_{11}$ = -2,2808 na função:

  f(x) =$2x^2 + 5x + 1$

  $2(-2.2808)^2 + 5(-2.2808) + 1 = 0$

  $10.404 - 11.404 + 1 = 0$

  $0.000 = 0$

O valor **x** $_{11}$ **= -2,2808** obtido na iteração 11 pode então ser considerado correto. Parabéns!

A tabela 5 do Excel a seguir mostra todas as iterações possíveis para esta função, bem como a variação e aproximação que se obtém no Ep .

Método de la Secante de Iteraciones

Iteración	Xo	Xn	X1	f(xo)	f(x1)	Ea	Er	Ep
1	-2	-1.66667	1	-1	8			
2	1	-1.18182	-1.66667	8	-1.77778	0.48485	0.41026	41.03%
3	-1.66667	-4.21739	-1.18182	-1.77778	-2.11570	-3.03557	0.71978	71.98%
4	-1.18182	-1.54669	-4.21739	-2.11570	15.48582	2.67070	1.72671	172.67%
5	-4.21739	-1.84524	-1.54669	15.48582	-1.94895	-0.29854	0.16179	16.18%
6	-1.54669	-2.63924	-1.84524	-1.94895	-1.41638	-0.79400	0.30084	30.08%
7	-1.84524	-2.20210	-2.63924	-1.41638	1.73495	0.43713	0.19851	19.85%
8	-2.63924	-2.26873	-2.20210	1.73495	-0.31200	-0.06663	0.02937	2.94%
9	-2.20210	-2.28126	-2.26873	-0.31200	-0.04937	-0.01253	0.00549	0.55%
10	-2.26873	-2.28077	-2.28126	-0.04937	0.00198	0.00048	0.00021	0.02%
11	-2.28126	-2.28078	-2.28077	0.00198	-0.00001	0.00000	0.00000	0.00%
12	-2.28077	-2.28078	-2.28078	-0.00001	0.00000	0.00000	0.00000	0.00%
13	-2.28078	-2.28078	-2.28078	0.00000	0.00000	0.00000	0.00000	0.00%
14	-2.28078	-2.28078	-2.28078	0.00000	0.00000	0.00000	0.00000	0.00%
15	-2.28078	-2.28078	-2.28078	0.00000	0.00000	0.00000	0.00000	0.00%

Falsa Posición | Punto Fijo | Newton Raphson | **Secante**

Tabela 5. Método de folha-secante do Excel

Na tabela 5 pode-se observar que a partir da iteração número 11 os cálculos dos valores raiz permanecem estáveis; Da iteração 11 a 15, o valor de -2,28078 continua a ser mantido, pelo que se confirma o valor verificado nos parágrafos anteriores.

CONCLUSÕES DO MÉTODO :

Provavelmente porque fizemos onze iterações com este método, para muitos ele perde o quão atraente poderia ser, em grande parte devido ao intervalo de intervalo que foi escolhido; Se você tiver a oportunidade de automatizar esta função em uma planilha Excel , poderá variar os valores iniciais e perceber que em alguns casos são necessários menos intervalos.

O método da secante não é complexo, como vocês puderam ver bastava avaliar os valores iniciais da função para posteriormente substituí-la na fórmula número 1 da secante, esta última pode ser a mais complicada se não soubermos como para substituir valores.
No final de tudo foi possível chegar ao valor que satisfaz a função, espero que seja útil para você.

2.4 MÉTODO DE RAIZ MÚLTIPLA

O Método das Raízes Múltiplas é diferente de todos os anteriores que foram descritos, a parte substantiva centra-se na fatoração de uma função e na análise do número de fatores que se repetem, desde a interpretação que dela pode e deve ser dada. o gráfico de f(x); Ao contrário dos métodos anteriores, o Método de Raiz Múltipla sempre fornecerá o ponto de tangência que gera o eixo de abcissas com f(x).

Uma raiz múltipla corresponde a um ponto onde uma função é tangente ao eixo **X** (Chapra & P. Canale, 2007), por exemplo, uma raiz dupla (Raiz Múltipla) é conforme mostrado na seguinte expressão:

$$f(x) = (x-3)(x-1)(x-1)$$

A partir desta expressão podem ser observados três fatores, onde x - 1 se repetem duas vezes. Os fatores $(x-3)(x-1)(x-1)$ são o resultado da fatoração da expressão que representa a função:$f(x) = x^3 - 5x^2 + 7x - 3$

Se você quiser verificar se $(x-3)(x-1)(x-1) = x^3 - 5x^2 + 7x - 3$eles são iguais, basta multiplicar $= (x-3)(x-1)^2$onde$(x-1)^2 = (x-1)(x-1)$

Multiplicando esses fatores observa-se que:

$$f(x) = (x-3)(x^2 - 2x + 1)$$

$$f(x) = x^3 - 5x^2 + 7x - 3$$

Mas de que adianta saber o número de raízes ou fatores iguais que um polinômio possui. A resposta é interessante, pois essas raízes repetidas indicam o ponto em que o eixo X do plano cartesiano é tangente ao gráfico da função, que? isto é, analiticamente podemos concluir que o *Método das Raízes Múltiplas* em nenhum momento nos ajudará a determinar em que ponto o gráfico intercepta o eixo X conforme permitido pelos métodos estudados anteriormente; Olhando de outra forma, você pode me dizer um máximo ou mínimo da função onde a referência será sempre o eixo das abcissas ou, se for o caso, um possível ponto de inflexão.

Vamos analisar isso graficamente, para demonstrar o que o parágrafo anterior pretende compartilhar utilizaremos o aplicativo Classic Geogebra versão 5.0 para representar graficamente a função f(x) explicada anteriormente:

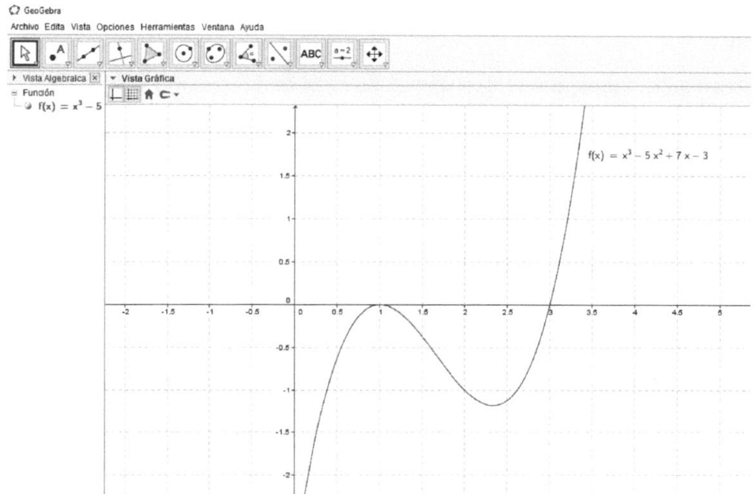

Figura nº 2Gráfico da função f(x)

Observe que o gráfico da função possui uma reta tangente no ponto (1,0), mas coincidentemente essa reta é o eixo das abcissas do plano cartesiano, é a isso que se refere o *Método das Raízes Múltiplas* para obtenção de raízes de uma equação.

Para deixar claro, da função $f(x) = (x-3)(x-1)(x-1)$, os fatores (x - 1) que se repetem duas vezes, indicam o ponto onde haverá uma reta tangente à curva da função f(x) e que essa reta será o eixo de a abcissa do plano cartesiano e isso pode ser demonstrado igualando-o a zero e resolvendo para a variável X, conforme descrito abaixo:

$$x - 1 = 0$$

$$x = 1$$

Então, a reta tangente ao gráfico da função f(x) é dada em x = 1 e y = 0, portanto o ponto é (1, 0) conforme mostrado no gráfico.

Reciprocamente, o ponto de intersecção (3, 0) que o gráfico fornece é obtido a partir do fator (x - 3), após ser igual a 0 obtemos que x = 3 e y = 0

Qualquer outro método previamente estudado, como Newton Raphson, secante, etc. , seria um tanto ineficiente e incapaz de determinar o ponto onde ocorre a tangência, devido às características da função. Da mesma forma, esses métodos residem em sua força na determinação de interseções com. a abscissa e não uma mudança de direção do gráfico como se vê no gráfico que o Geogebra nos fornece.

Visto de outra forma, em (1,0) é o máximo local da função f(x).

Vejamos outros exemplos:

Ser$f(x) = x^4 - 4x^2 + 4$ (Olvera, 2001)

Quando esta função é decomposta em fatores, conclui-se que:

$$f(x) = (x^2 - 2)^2 = (x^2 - 2)(x^2 - 2)$$

Observe que cada fator é uma diferença de quadrados, portanto, quando decomposto:

$$f(x) = (x - \sqrt{2})(x + \sqrt{2})(x - \sqrt{2})(x + \sqrt{2})$$

Pode-se notar que existem dois pares de fatores que se repetem; como raízes múltiplas, indicam então que cada par constrói um ponto no gráfico da função onde o eixo das abcissas é tangente ao gráfico da função f(x).

$$(x - \sqrt{2})(x - \sqrt{2})$$

Destes dois, considera-se apenas um dos fatores, quando igual a zero conclui-se que:

$$x - \sqrt{2} = 0$$

$x = \sqrt{2}$, portanto, o ponto de tangência é dado em ($\sqrt{2}, 0$), reciprocamente, o outro par:

$$(x + \sqrt{2})(x + \sqrt{2})$$

$$x + \sqrt{2} = 0$$

$$x = -\sqrt{2} \therefore (-\sqrt{2}, 0)$$

Vejamos o gráfico da função e analisemos estes resultados:

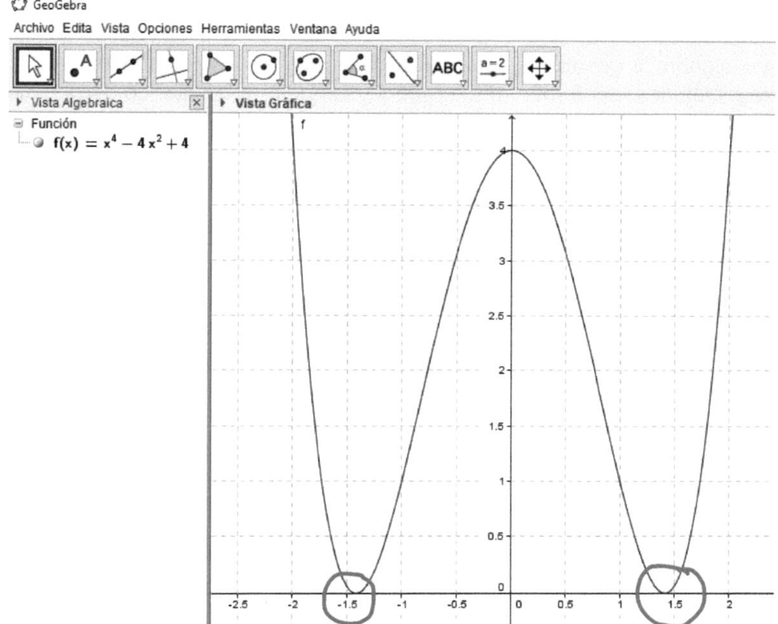

Figura nº 3Gráfico de $x^4 - 4x^2 + 4$

As partes indicadas na imagem representam as múltiplas raízes da função f(x), pode-se observar claramente que o eixo x do plano cartesiano é tangente às curvas da função, olhando de outra forma dois mínimos relativos são construídos , embora este último, não teria necessariamente que ser assim, também, o que está indicado no gráfico que o geogebra nos fornece é equivalente a: $(-\sqrt{2}, 0)$e$(\sqrt{2}, 0)$

CONCLUSÕES

Neste livro, exploramos os métodos numéricos mais relevantes para resolver equações e funções complexas, resolvendo intencionalmente a mesma função f(x) para demonstrar que todos os métodos nos levam ao mesmo resultado. Cada método tem suas vantagens e desvantagens, e a escolha do mais adequado dependerá do tipo de função que precisa ser resolvida.

É fundamental destacar que o domínio de habilidades matemáticas básicas, como álgebra e geometria analítica, é essencial para compreender e aplicar esses métodos de forma eficaz. Além disso, a utilização de ferramentas tecnológicas como Excel e GeoGebra 5.0 pode facilitar significativamente o processo de resolução de problemas.

Em resumo, os Métodos Numéricos são ferramentas poderosas para a resolução de problemas complexos em diversas áreas da ciência e da engenharia. Esperamos que este trabalho tenha fornecido uma base sólida para compreensão e aplicação, e que os leitores estejam agora mais bem equipados para enfrentar os desafios matemáticos que temos pela frente.

Literatura

Chapra, SC, & P. Canale, R. (2007). *Métodos numéricos para engenheiros* (5ª ed., Single Vol.). Cidade do México, México: McGraw Hill.

Nieves, A., & C. Domínguez, F. (1998). *Métodos Numéricos Aplicados à Engenharia.* México, DF: CECSA.

Olvera, BG (2001). *Matemática - Cálculo Diferencial.* Cidade do México: DGTI.

Printed by Books on Demand GmbH, Norderstedt / Germany